小科普大文化

了不起的古代发明

传统文化与科学融合的国风绘本

李宏蕾 韩雨江◎主编

吉林科学技术出版社

阅读指南

科学大解析

主文字标题

知识放射线

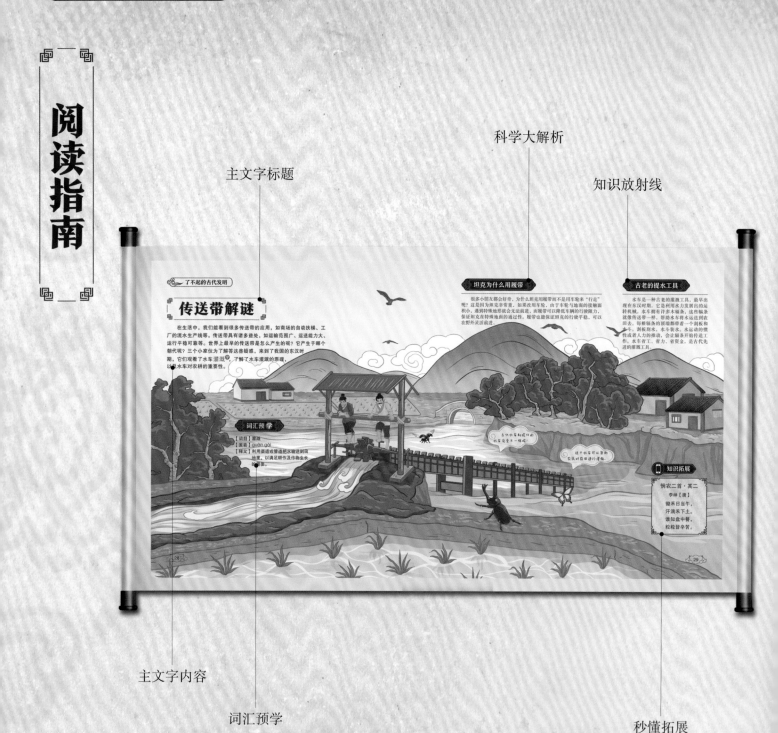

主文字内容

词汇预学

秒懂拓展

软件操作说明

根据设备类型扫描图书相应的二维码标识，进入界面下载《小科普大文化》的 App 应用，打开 App 应用即可进入应用界面。

进入应用界面，即可看见"有声读物""沉浸式动画""拼图游戏"三个互动内容。点击按钮，即可进入相应互动界面。

有声读物：用手机 App 选择有声读物，扫描带有"扫一扫"图标的界面，打开界面后，点击瓢虫即可听到真人语音阅读。

沉浸式动画：App 中附带四个场景动画，点击选择要看的动画图标，即可观看生动、有意境的动画内容。

拼图游戏：App 中附带四个有趣的场景拼图游戏，在互动中感受中华传统文化，也可以帮助开发孩子智力，培养动手能力。

前情提要

胖老仙儿是一只来自国外的小昆虫，因为喜欢中国传统文化，不远万里来到中国。在中国，胖老仙儿认识了七星瓢虫七小星和美凤蝶小凤蝶，七小星和小凤蝶带着胖老仙儿四处游玩，给它讲了很多有趣的中国传统文化知识。在七小星与小凤蝶的引领下，胖老仙儿对中国传统文化更感兴趣了，但接触到的事物实在是太多了，胖老仙儿还需要慢慢消化这些知识。

在听七小星与小凤蝶讲解的同时，胖老仙儿也会用它曾经学到的科学知识来解释一些现象。这一路，几只小昆虫在彼此身上学到了很多！

寻古冒险

本书搜寻了很多中国人文景观和历史遗迹。这些古迹将带给小读者们优美、大气、恢宏的体验。同时，古遗址、古镇、古建筑中蕴藏的人类智慧，将激发读者想象空间，让小读者们在轻松的氛围中了解中国传统文化与科学知识，真正做到了在小科普中了解大文化。

探秘自然

本册图书记录了自然界中存在的现象，以及与这些现象有关的传说。天空、陆地、海洋……大自然给我们带来了无与伦比的美丽奇观，中国古代人用他们的聪明、浪漫赋予了这份美丽更多的神奇，这是属于中国人自己的文化瑰宝。小读者们在听故事的同时，还能学到其中的科学原理，寓教于乐，学习效果更好。

古代发明

中国人民自古就独具匠心，善于发明。本册图书列举了我国古代的许多伟大发明，同时，侧重介绍了中国五千年历史中的重要发明。阅读本书，小读者们将在小小的绘本里，了解中国作为一个文明古国的发展之路，在感受祖先智慧结晶的同时，激发自身的创造能力。

传统美食

本册图书就像是三只小昆虫探索中国美食的日记，书中将三个小家伙的飞行经历和中国美食文化创意相结合，在介绍美味食物的同时，融入我国的饮食文化细节，让小读者们在读绘本的同时，充分吸收知识，了解祖国的人文历史。

主角介绍

　　中国的七星瓢虫七小星、美凤蝶小凤蝶和来自国外的独角仙胖老仙儿原本是三只本不相干、没有交集的昆虫，它们因为对中国传统文化的热爱和对知识的渴望聚在了一起。七小星是一只果敢无畏的七星瓢虫，小凤蝶是一只娇小美丽且胆子非常小的美凤蝶，胖老仙儿则是一只胖胖的、鬼点子非常多的外国昆虫。它们共同飞行，游历中国的名山大川，了解中国的古迹、中国的大自然、中国的古发明、中国的美食，在这个过程中为小读者们讲述有趣的中国传统文化故事，解析科学理论。相信这套跨界融合、颠覆刻板的科普图书，能给小读者们创造一个全新的思考空间！

小凤蝶

胖老仙儿

七小星

目 录

筷子的起源

词汇预学

【词目】箸

【发音】zhù

【释义】筷子。

📱 知识拓展

咏竹箸

程良规【明】

殷勤问竹箸，

甘苦尔先尝。

滋味他人好，

尔空来去忙。

三个小家伙来到新石器时代，它们看到一群原始人正在用筷子吃饭。筷子在古时候也称为"箸"，它是我国的传统餐具。使用筷子的时间最早可追溯到新石器时代，原始人用骨头做成的筷子进食。筷子的长度和形状很有讲究，一般长度是七寸六分（25.33厘米），这代表着人的七情六欲；筷子总是一头圆一头方，这不仅是为了防止筷子滚动，不好夹菜，更代表着天圆地方，因为古代人认为天是圆的、地是方的。

龙虬（qiú）庄遗址为中国箸文化之源。

"筷子"的由来

在明朝以前，筷子都被称为"箸"，但是因为民间忌讳，箸逐渐被称为"筷子"。明朝江南水乡一代生活着很多船家，这些船家在水上航行时，忌讳"住""翻"等词语。箸的谐音是住，为了避讳，江南一带的船家便将箸改称为快、快儿、快子。后来的人为了更加文雅一些，便将"快"改称为了"筷子"，沿用至今。

杠杆原理

　　阿基米德说"给我一个支点，我就能撬起整个地球"，这句名言正是指的杠杆原理。生活中我们用筷子夹取食物，也是基于杠杆原理。杠杆是一个简单的机械装置，它包含一个支点和围绕支点转动的棍子。人们可以用围绕支点的"棍子"，去撬动另一边的物体。杠杆支点离物体越近，离用力点越远时，就越省力。

这就是最原始的筷子吗？

四大发明之火药

　　火药是我国四大发明之一，最早起源于炼丹术。火药是冷兵器时代的利器。它的威力究竟有多大呢？三个小家伙来到了演武场，想亲眼见证火药的破坏力。古代方士想通过硫黄、砒霜等炼制长生不老药，却　　　　学地研发出了火药。火药无法让方士长生不老，方士对火药并不感兴趣，于是将火药的配方交给军事家，从此火药便被用在了战场上。

快点火！我要乘坐火箭飞向宇宙。

扫一扫

扫一扫画面，小动画就可以出现啦！

📱 知识拓展

元日

王安石【宋】

爆竹声中一岁除，
春风送暖入屠苏。
千门万户曈曈日，
总把新桃换旧符。

词汇预学

【词目】误打误撞
【发音】wù dǎ wù zhuàng
【释义】指事先未经周密考虑
或计划，带有盲目性
地（做某事），常含
有得到意想不到的好
结果的意思。

作用力与反作用力

为什么手拍桌子会痛？为什么炮
弹向前发射时，炮身反而向后运动？
这都是因为作用力与反作用力原理。
当物体甲给物体乙一个作用力的时
候，物体乙必然同时回敬给物体甲一
个反作用力，作用力与反作用力称为
一对相互作用力，它们力的大小相等，
方向相反，而且作用在同一直线上。

烟花为什么会有不同的颜色

制作烟花时，添加发光剂和发色剂能使烟花变得五
颜六色。烟花的颜色与金属的焰色反应有关，不同种类
的金属化合物在燃烧时，会发出不同颜色的光芒。制作
烟花的人经过巧妙地排列来决定燃烧的先后顺序。这样，
烟花引爆后，便能让我们欣赏到各式各样的颜色。

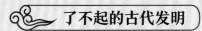
说文解字——甲骨文

甲骨文上承原始刻绘符号，下启青铜铭文，是汉字发展的关键形态，也被称为"最早的汉字"。为了解甲骨文的应用，三个小家伙来到了殷商年间。甲骨文因镌刻^学、书写于龟甲和兽骨上而得名，它是现存最早的中国商朝时期的一种成熟文字。甲骨文的发展较为成熟，已经有了大量的形声字。

词汇预学

【词目】镌刻
【发音】juān kè
【释义】在金属、玉石、骨头或
　　　　其他材料上刻出形象。

现代钢笔的原理

现代钢笔诞生于 19 世纪，它的原理与毛细作用有关。毛细作用是指浸润液体在细管里升高的现象和不浸润液体在细管里降低的现象。物体中许多细小的孔道起着毛细管的作用，液体的表面张力、内聚力和附着力的共同作用，使水分可以在较小直径的毛细管中上升到一定高度。

知识拓展

逢入京使

岑参【唐】

故园东望路漫漫，
双袖龙钟泪不干。
马上相逢无纸笔，
凭君传语报平安。

火里面烧的是什么呀？

这就是传说中的甲骨文。

字如其人

字如其人，指的是通过一个人的笔迹反映他一部分的性格。如草书代表着性情狂放，用力写字可能是情绪不宁等。这个结论有没有科学依据呢？事实上，在我国，对汉字笔迹与书写个性心理关系的研究最早可追溯到汉代。在西方，笔迹学、笔迹心理学和笔迹个性学作为应用心理学的分支学科，也有百余年的历史了。

世界上第一把伞——簦

今天，三个小家伙决定拜访木匠的鼻祖鲁班。它们来到了春秋末年，想要了解关于伞的故事。鲁班是我国古代的发明大师，他发明了很多器具，石磨、曲尺、墨斗、锯子都是他的作品。相传，鲁班的妻子也是一名很厉害的工匠，她和鲁班一起发明出了世界上的第一把伞——"簦^学"。

词汇预学

【词目】簦
【发音】dēng
【释义】古代的雨伞，原意是有柄的"笠"。
"笠"是指竹或草编成的帽子，可以遮雨、遮阳光。

这就是世界上最早的伞。

鲁班造伞

相传，鲁班经常帮助乡亲种田，但是春季播种时经常会有雨，这让鲁班的妻子为鲁班送饭很不方便。鲁班便在妻子来的路上建造了很多的避雨亭，方便妻子及他人避雨。鲁班妻子看着避雨亭想，要是能做一个可以随身携带的"小雨亭"就好了。鲁班听了妻子的话后，便和妻子一起设计出了簦。后来，簦逐渐演变为现在的雨伞。

哇，鲁班不愧为发明大师.

📱 知识拓展

舟过安仁

杨万里【宋】

一叶渔船两小童，
收篙停棹坐船中。
怪生无雨都张伞，
不是遮头是使风。

水的密度

密度指的是物质单位体积的质量，也就是物体的质量除以体积。每种物质都有一定的密度，一般不同物质的密度是不同的。如人体的密度为 1.02 g/cm³，比水的密度大一些，因此，人会在水中沉下去，而海水的密度比水大，所以人在海水中会感觉到海水的浮力比较大。

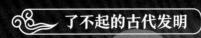

攻城利器——抛石机

三个小家伙来到战国时期，想要了解抛石机的弹射原理。抛石机是世界上最早的炮车，也是冷兵器时代的攻城利器。中国的抛石机最早出现在战国时期，是纯粹利用人力抛起石头的人力抛石机，其炮梢架在木架上，一端用绳索拴住容纳石弹的皮套，另一端系上许多条绳索让人力拉拽^学而将石弹抛出。抛石机在元代发展得颇具规模，但是在明代以后随着火炮的使用，逐渐退出了战场。

词汇预学

【词目】拉拽
【发音】lā zhuài
【释义】连拉带拖。

古代的攻城神器

为了防止敌人入侵，古代的城一般都会修筑较高的城墙。为了攻破城墙，古代的军事家发明出云梯、冲车和抛石机。其中，抛石机被认为是攻城战获胜的关键，它对城墙的威胁很大。在官渡之战中，抛石机间接地帮助曹军获得了胜利。在火炮发明后，抛石机逐渐退出了战场，取而代之的则是炮车。

这就是世界上最原始的炮车！

抛石机的原理

　　抛石机主要用于摧毁堡垒护墙的上部结构。通常所指的抛石机是配重式抛石机，它的进攻原理是利用配重物的重力进行发射。配重物越重，重力越大，抛石机的威力也就越强。抛石机上总是有一条掷弹带用以安放弹丸。掷弹带使得弹丸的射程增长一倍，也使得投石机的威力倍增。

它也是冷兵器时代攻城的最佳利器。

📱 知识拓展

和张仆射塞下曲·其二
卢纶【唐】

林暗草惊风，将军夜引弓。
平明寻白羽，没在石棱中。

17

足球的前世今生

三个小家伙来到了战国时期的齐国，看一场有趣的"足球"比赛。蹴鞠是指古人以脚蹴、蹋、踢皮球的活动，和现在的足球类似。相传它是由黄帝发明的练兵运动。原始的蹴鞠为石球及镂空的陶球，后来变为"用皮子做外壳，里面装满毛发"的蹴鞠球。战国时期的齐国非常富裕，齐国居民也非常爱好蹴鞠等娱乐活动，大街小巷都能看到齐国人玩蹴鞠、斗鸡等游戏。

词汇预学

【词目】蹴鞠
【发音】cù jū
【释义】我国古代的一种体育运动，
　　　　是中国传统运动文化的代表之一。

弧线球的原理

弧线球又叫香蕉球，它指的是运动员通过脚法，让球踢出后呈弧线运动。弧线球隐藏着什么物理学原理呢？这与流体力学中的伯努利定理有关，即速度较大一侧的压强比速度较小一侧的压强小。当球员用右脚发球时，球左方的压强将小于球右方的压强，由于球所受空气压力的合力左右不等，总合力向左，所以球在运行过程中就产生了向左的运行，即产生弧线。

蹴鞠发展史

蹴鞠，可以说是足球的前身，有资料记载起源于战国，在当时是民间一种流行的娱乐项目，在齐宣王在位时期就已经较为盛行。宋朝时期，开始出现并培育专业的蹴鞠艺人，慢慢就成为一种体育项目，球技精湛者还会用头、肩膀、背部、胸口、膝盖、腿、脚等各个身体部分操作，蹴鞠变得更加有趣。清代开始流行冰上蹴鞠。每个朝代都有它不同的蹴鞠玩法，一直沿袭到现代已经演变为足球，成为一种全民追捧的体育活动！

相传，蹴鞠是由黄帝发明的。

📱 知识拓展

寒食后北楼作

韦应物【唐】

园林过新节，风花乱高阁。
遥闻击鼓声，蹴鞠军中乐。

这就是世界上最早的足球吗？

19

曾侯乙编钟

三个小家伙来到战国时期，它们终于见到了先秦"礼乐文明"的最高成就，迄今世界上已发现的最雄伟、最庞大的青铜礼乐器——曾侯乙编钟。曾侯乙编钟悬挂在一个巨大的钟架上，听闻它具有"一钟双音"的特点，即一个钟能够演奏两种不同的乐音，一套完整的编钟可以演奏很多不同的乐曲。乐工正在用"丁"字形的木槌和长形的棒分别敲打铜钟，余音绕梁，现场演奏让三个小家伙叹为观止！

它的音色低沉，听上去很美妙！

词汇预学

【词目】青铜礼乐器
【发音】qīng tóng lǐ yuè qì
【释义】青铜礼乐器直接为礼乐制度服务，被贵族用以祭天祀祖、宴享宾朋、赏赐功臣、纪功颂德及用作随葬品等。

镇馆之宝

曾侯乙编钟现收藏于湖北省博物馆，为该馆的"镇馆之宝"，也是武汉旅游的名片之一。这套出土于随州曾侯乙墓的大型礼乐重器，由65件青铜编钟组成，全套编钟装饰有人、兽、龙、花和几何形纹，采用了圆雕、浮雕、阴刻、彩绘等多种技法，以赤、黑、黄色与青铜本色相映衬，是我国首批禁止出国（境）展览的一级文物，被中外专家、学者称之为"稀世珍宝"。

声音的传播

声音是物质振动产生的一种波动，需要靠介质传播才能听到。声音可以在气体、液体、固体中传播，真空中没有空气无法传播。声波在介质中传递的速度，称为声速。往往因介质种类、状态等因素影响声速行进的速度。在空气中传播的声速，因空气的温度、湿度、密度等不同而不同。温度愈高，声速愈快。湿度较大时，声速也较快。

这套编钟的数量可真多。

📱 知识拓展

浪淘沙·山寺夜半闻钟

辛弃疾【宋】

身世酒杯中，万事皆空。古来三五个英雄。

雨打风吹何处是，汉殿秦宫。

梦入少年丛，歌舞匆匆。

老僧夜半误鸣钟。惊志西窗眠不得，卷地西风。

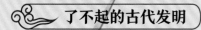
孟子家的油灯

三个小家伙看到孟郊的母亲正借助油灯的光缝制衣服，突然想了解一下古人的照明方式。我国古代的照明工具以油灯为主，一般采用动物油脂或植物油脂当作灯油。油灯的灯油需要经常更换，对于每晚苦读的读书人而言，这可是笔不小的费用，对家庭贫困的读书人来说负担不小。于是读书人为了节约灯油，想出了各种照明办法，如东晋的囊萤照读，就是讲主人公通过捕捉萤火虫来照明的故事。

词汇预学

【词目】囊萤照读
【发音】náng yíng zhào dú
【释义】用口袋装萤火虫，照着读书。形容家境贫寒，勤苦读书。

省油灯

在我国古代，为了节省照明费，老百姓开始追求"省油灯"。省油灯起源于唐代，它的设计简易方便，将油灯设计为夹层，上层盛油，下层贮水。在点燃上层灯油前，先向注水孔中注入冷水，目的是降低上层灯油燃烧时所产生的高温，水在受热时不断带走灯油燃烧所产生的热量，避免因油温过高而使灯油急速蒸发、消耗，从而达到省油的效果。

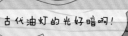
古代油灯的光好暗啊！

在这样的灯光下缝衣服，对眼睛不好。

📱 知识拓展

游子吟

孟郊【唐】

慈母手中线，游子身上衣。
临行密密缝，意恐迟迟归。
谁言寸草心，报得三春晖。

囊萤照读

　　囊萤照读是一个历史典故。相传在东晋年间，有一名家境贫困的书生名叫车胤（yìn）。车胤父母挣的钱只够温饱，没有多余的钱为他购买灯油。为了学习，车胤只好在白天看书、背书。但是，在一天晚上，他发现夜空中的萤火虫也能散发光芒，于是车胤抓了很多萤火虫，放在手绢里，用萤火虫发出的光照明，使其在夜晚也可以读书。后来，囊萤照读常用来形容读书刻苦。

寻古初见耕犁

三个小家伙来到了西汉，它们将在这个时代了解耕犁的发展历史。耕犁^学是古代农业生产中最基本、最重要的工具，它能大面积开垦荒地，帮助农耕。在耕犁的发展史中，它和其他工具一样，经历了木器、石器、铜器和铁器的发展过程。

词汇预学

【词目】耕犁
【发音】gēng lí
【释义】耕田犁地，泛指耕作。
　　　　犁是一种耕地的农具。

知识拓展

悯农二首·其一

李绅【唐】

春种一粒粟，
秋收万颗子。
四海无闲田，
农夫犹饿死。

耕犁的应用

　　我国是最早使用耕犁的国家。犁是一种耕地的农具，在一根横梁端部有厚重的刃，其通常系在牵引它的牲畜或机动车上，也有用人力来驱动的。早在西汉时期，我国就在耕犁上安装了翻土用的犁壁，犁壁是一种翻土的铁器，它安装在犁的下端，略呈三角形，能让人更好地施力去翻地，这比欧洲早一千多年。

牵引力原理

　　在日常生活中，我们常听到汽车牵引力一词，它是指牵引汽车、机车等向前的动力。有人说牵引力是摩擦力，有人说牵引力是汽车的动力，它究竟是什么力呢？其实这些说法都是不正确的，牵引力的本质是一种拉力，它是由车辆载具的传动系统对车轮产生旋转力矩，再通过动轮与地面或钢轨之间的相互作用而产生的。

张衡地动仪

东汉时期，地震比较频繁，为了掌握全国地震的动态，张衡经过多年的研究，发明了候风地动仪，这也是世界上的第一架地动仪。三个小家伙来到了汉朝，想要看一下，最初的地动仪长什么样。地动仪有八个方位，每个方位均有口含龙珠的龙头，在每条龙头的下方各有一只蟾蜍^学。地震发生时，对应方向的龙口所含的龙珠就会落入蟾蜍口中，由此得到预警。

词汇预 学

【词目】蟾蜍

【发音】chán chú

【释义】蟾蜍也叫蛤蟆 há·ma，是一种两栖动物，体表有许多疙瘩，内有毒腺，俗称癞蛤蟆。

悬垂摆原理

物理学上，悬挂物体能更好地验证地震波的水平运动，由此有人制作了悬垂摆动模型。科学家认为，地动仪的工作原理应该是"悬垂摆原理"，地动仪利用了一根悬挂柱体的惯性来验证地震波。物体保持静止状态或匀速直线运动状态的性质，称为惯性。

感觉地面在震动！

这是你的错觉吧，地动仪显示正常。

📱 知识拓展

山坡羊·潼关怀古

张养浩【元】

峰峦如聚，波涛如怒，山河表里潼关路。
望西都，意踌躇。
伤心秦汉经行处，宫阙万间都做了土。
兴，百姓苦；亡，百姓苦！

可怕的地震

地震是地壳快速释放能量过程中造成的振动，期间会产生地震波。地震造成的灾害首先是破坏房屋和建筑物，造成人畜伤亡；其次可能引发火灾、瘟疫等灾害。据统计，地球每年约发生500万次地震，即平均每天要发生上万次的地震，而这些地震因为震级太小或距离震源太远，难以被人们察觉。

传送带解谜

在生活中，我们能看到很多传送带的应用，如商场的自动扶梯、工厂的流水生产线等。传送带具有诸多益处，如运输范围广、运送能力大、运行平稳可靠等。世界上最早的传送带是怎么产生的呢？它产生于哪个朝代呢？三个小家伙为了解答这些疑惑，来到了我国的东汉时期，它们观看了水车灌溉^学，了解了水车灌溉的原理，以及水车对农耕的重要性。

词汇预学

【词目】灌溉

【发音】guàn gài

【释义】利用渠道或管道把水输送到田地里，以满足耕作及作物生长的需要。

坦克为什么用履带

很多小朋友都会好奇，为什么坦克用履带而不是用车轮来"行走"呢？这是因为坦克非常重，如果改用车轮，由于车轮与地面的接触面积小，遇到特殊地形就会无法前进，而履带可以降低车辆的行驶阻力，保证坦克在特殊地面的通过性。履带也能保证坦克的行驶平稳，可以在野外灵活前进。

古老的提水工具

水车是一种古老的灌溉工具，最早出现在东汉时期，它是利用水力发展出的运转机械。水车拥有许多木辐条，这些辐条就像传送带一样，帮助水车将水运送到农田去。每根辐条的顶端都带着一个刮板和水斗。刮板刮水，水斗装水。水运动的惯性或者人力的推动，会让辐条开始传送工作。水车省工、省力、省资金，是古代先进的灌溉工具。

古代水车和现代的水车完全不一样呢！

这个水车可以帮助农民对农田进行灌溉.

📱 知识拓展

悯农二首·其二

李绅【唐】

锄禾日当午，
汗滴禾下土。
谁知盘中餐，
粒粒皆辛苦。

中国的"第五大发明"

57869×78920 等于多少？三个小家伙看到这个问题一筹莫展^学，但是这道题用计算机来计算却是很简单的。世界上第一台计算机是在 1946 年发明的，在此之前，人们是怎样进行数学计算的呢？答案是用算盘。算盘起源于中国，迄今已经有 2600 多年的历史，它是现代计算机的前身，古代算账全靠它。东汉的刘洪发明了"珠算"的计算方法，被誉为中国的"第五大发明"。

词汇预学

【词目】一筹莫展

【发音】yī chóu mò zhǎn

【释义】一点计策也施展不出；一点办法也想不出来。

掌柜用的是什么工具？

这叫算盘，是古代的计算工具。

算圣——刘洪

珠算是用算盘计算的方法，它在 2013 年被列为人类非物质文化遗产。东汉的刘洪发明"正负数珠算"，这是最早期的珠算方法，刘洪因此被尊称为"算圣"。人们在算盘的使用过程中，逐渐开发出更多的珠算方法，如"加减法""九归法"等。现代的珠算起源于元明之间，元朝朱世杰《算学启蒙》记载的 36 句口诀，与今天的珠算口诀大致相同。

国际通用的十进制

1、17、189……看着这些数字，我们能自然地弄懂它代表的数目，是因为运用了十进制计数法。十进制指的是所有数字都由 10 个数字来表示，即用 0、1、2、3……9。每满 10 就进一，如 9+1 用 10 表示；满 20 则进二，19+1 用 20 来表示；满 100 进一百，如 99+1 时用 100 来表示……以此类推。

📱 知识拓展

山村咏怀

邵雍【宋】

一去二三里，
烟村四五家。
亭台六七座，
八九十枝花。

四大发明之造纸术

在纸张发明以前，人们把知识记录在绢帛或竹简之上，绢帛昂贵、竹简沉重都不利于知识的推广。人们想要更平价、更轻便的记录载体，于是创造出了"纸"。三个小家伙来到汉朝，它们看到了蔡伦改进的造纸术。蔡伦用树皮、渔网等廉价原料，经过挫、捣、炒、烘等工艺制造出了便宜又好用的纸，这种纸也是现代纸的起源。

词汇预学

【词目】绢帛

【发音】juàn bó

【释义】古代丝织物的总称，在没有纸张之前，一直作为重要的书写、画画材料。

知识拓展

冬夜读书示子聿

陆游【宋】

古人学问无遗力，
少壮工夫老始成。
纸上得来终觉浅，
绝知此事要躬行。

树木变成纸张的过程

　　造纸术经过蔡伦改进后，形成了一套较为成熟的工艺。造纸主要分为四步：第一步是原料的分离，通过浸泡或蒸煮的方法让原料在碱液中脱胶，并分散成纤维状；第二步是打浆，用切割和捶捣的方法切断纤维，并使纤维帚化成纸浆；第三步是抄造，把纸浆渗水制成浆液，然后用捞纸器捞浆，使纸浆在捞纸器上交织成薄片状的湿纸；第四步是干燥，把湿纸晒干或晾干，纸张就制造完成了。

为什么造纸要将原料浸泡蒸煮？

在碱液中蒸煮能让原料脱胶，分散成纤维状材料。

洛阳纸贵的典故

　　蔡伦改进造纸术后，使纸张成本降低，知识得以传播。可晋朝却有一个"洛阳纸贵"的典故，为什么纸张价格突然上涨呢？这是因为在西晋泰康年间，左思创作了《三都赋》，由于这篇文章写得太好，每个人都要抄录这篇文章，于是他们买了大量纸张，这使得洛阳的纸张供不应求，全城纸价也因此大幅上涨。

外科鼻祖——华佗

三个小家伙穿越时空来到三国时期，它们想要见一见我国的外科鼻祖——华佗。华佗医术精湛^学，是我国古代著名的神医，人们常称呼他为"神医华佗"。华佗在外科治疗上的成就最高，他发明了麻沸散。麻沸散可以用来麻醉病人，让病人感受不到手术的痛苦。相传，麻沸散的配方以曼陀罗花为主药，可惜的是，随着华佗的离世，麻沸散的配方从此失传。

词汇预学

【词目】精湛
【发音】jīng zhàn
【释义】1. 精熟深通。
　　　　2. 某样技艺十分娴熟。

麻醉的原理

麻醉通常有两种形式，局部麻醉和全身麻醉，这两种麻醉的原理不同。局部麻醉的原理是将药物注射在需要麻醉的区域内后支配神经，从而起到麻醉效果。全身麻醉的原理是麻醉药物作用于大脑皮层，使中枢神经系统暂时处于抑制状态。

华佗真是医术精湛啊！

鹧鸪天·戏赠黄医

赵必{王象}【宋】

湖海相逢尽赏音。囊中粒剂值千金。
单传扁鹊卢医术，不用杨高廓玉针。
三斛火，一壶冰。蓝桥捣熟隔云深。
无方可疗相思病，有药难医薄幸心。

全能的华佗

华佗不仅是古代最早使用全身麻醉治疗的医生，而且在医疗手段上他也有很大的贡献。华佗自创了可以养生的锻炼方法——五禽戏。五禽戏模仿了猿、鹿、熊、虎、鸟这五种禽兽的姿态，特别适合年老体虚的人锻炼。华佗的学生吴普常用五禽戏锻炼，据说他活到九十多岁时仍然很健康。

麻沸散的味道
闻起来怪怪的。

35

海上霸王——唐朝海船

唐朝海船有"海上霸王"之称，为什么它能获得这样的称号呢？带着疑惑，三个小家伙来到了"白江口之战"的战场。这是一场以少胜多的战争，敌军人数是唐朝军队的 4 倍，但是唐朝依然获得了胜利。这是因为唐朝时期，中国制造出了当时世界上最大的海船。这种海船非常强大，在海上战斗时，只要轻轻一撞，敌方的战船就会受到伤害，而唐朝海船却安然无恙^学。唐朝海船超凡的质量正是决定战争胜利的直接因素。

哇，敌方的人可真多！

词汇预学

【词目】安然无恙

【发音】ān rán wú yàng

【释义】原指人平安没有疾病，后泛指平平安安、没有受到任何损伤。

白江口之战

白江口之战是一场以少胜多的经典水战，指的是唐朝、新罗联军与倭国、百济联军在白江口发生的一次水战。在此次战役中，唐朝水军充分发挥了自身优势，将兵力、船舰皆超于自己数倍的倭国水军打得大败。

水的浮力、风的推力

帆船是一种利用了水的浮力与风的推力前进的船。水的浮力主要指浸在水里的物体受到水向上托的力；风的推力则是指风推动物体运动的力量，帆船在前进时应用了"伯努利效应"来使用风力，而不是单纯地借助风的推力。"伯努利效应"指的是流体速度加快时，物体与流体接触的界面上的压力会减小，反之压力会增加。

我们能获得胜利吗？

📱 知识拓展

留客中行

李白【唐】

兰陵美酒郁金香，
玉碗盛来琥珀光。
但使主人能醉客，
不知何处是他乡。

37

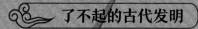

唐朝的熨斗

三个小家伙又来到唐朝，它们想看看唐宫仕女熨烫衣服的方式。古代非常注重仪容、仪表，服装要干净整洁，没有褶皱。古代贵族的服装很多是由丝绸制成的，丝绸易皱，如何让丝绸平整呢？聪明的古代人想到了用"火斗"来熨烫衣服。火斗又称为熨斗^学。

扫一扫

扫一扫画面，小动画就可以出现啦！

词汇预学

【词目】熨斗
【发音】yùn dǒu
【释义】形状像斗，是用来烫平衣物的金属器具。旧式熨斗中间烧木炭或装开水，新式熨斗用电发热。

熨斗的发展史

熨斗起源于商朝，最早是用来折磨犯人的酷刑工具。从汉代开始，人们开始用熨斗来熨烫衣服，一直沿用到明清年间。出土的汉朝、唐朝时期的熨斗外表像一个光滑的圆勺，在勺子中央，人们会填充燃烧的木炭、开水用于加热。据考古学家考证，我国是第一个使用熨斗的国家，中国古代的熨斗比外国发明的熨斗早了1600多年。

金属为什么能导热

古代熨烫衣服的火斗利用的是金属的导热原理。为什么金属能导热呢？这要从热传导说起。物体之间的温度差是热传导的必要条件。物体中分子、原子或电子的相互碰撞，使热量从物体中温度较高部位传递到温度较低部位，这个过程便是热传导，是固体中热量传递的主要方式。各种物体都能传热，金属导体的热传导主要是通过电子的运动，而金属中最善于传热的是银，其次是铜和铝。

熨斗中为什么要装满开水呢？

因为只有热熨斗才能烫平衣服呀！

知识拓展

清平调·其一

李白【唐】

云想衣裳花想容，

春风拂槛露华浓。

若非群玉山头见，

会向瑶台月下逢。

古人智慧之孔明灯

孔明灯又叫天灯，俗称许愿灯。在古代，孔明灯最初用于军事，后来逐渐被人们用于祈福。三个小家伙在新年第一天点燃了孔明灯祈福，它们在灯上写出自己的愿望，并看着孔明灯慢慢升向苍穹。它们好奇，孔明灯是如何上天的，为什么它们用嘴吹的气球却无法升空？

词汇预学

【词目】苍穹
【发音】cāng qióng
【释义】苍穹也作"穹苍"使用。指的是苍天；广阔的天空。

知识拓展

村居

高鼎【清】

草长莺飞二月天，
拂堤杨柳醉春烟。
儿童散学归来早，
忙趁东风放纸鸢。

扫一扫

扫一扫画面，小动画就可以出现啦！

孔明灯请实现我们的愿望.

希望大家平安喜乐，健健康康！

热气球是怎样升空的

　　热气球利用加热的空气或氦气，产生浮力进行升空飞行。热空气及氦气的密度比冷空气的密度小，且比冷空气轻，轻者向上，重者向下，所以热气球会向上走。18世纪初，西方人利用这个原理，发明了热气球。现代热气球会通过自带的机载加热器来调整气囊中空气的温度，从而达到控制气球升降的目的。

孔明灯的故事

　　关于孔明灯的起源有两种传说，这两种传说都与战争有关。一种说法是，相传五代时，莘七娘随丈夫打仗，她研发出了一种可升空的灯笼来传递军事信号，这种灯笼的外形像诸葛亮戴的帽子，因而得名。另一个说法发生在三国时期，相传，诸葛亮被司马懿围困在平阳，他研发出了自己帽子形状的灯，用它传递信号，援兵看到信号后及时赶到，让诸葛亮脱离了危险，孔明灯由此得名。

了不起的古代发明

最早的天文钟——水运仪象台

三个小家伙来到宋朝，它们想目睹学全世界最早的天文钟的诞生。苏颂、韩公廉是我国有名的天文学家，正是他们主导了水运仪象台的发明，水运仪象台就是天文钟的前身。水运仪象台是以漏刻水力驱动的，集天文观测、天文演示和报时系统为一体的大型自动化天文仪器，其最大的作用是观测天文，方便农作。

词汇预学

【词目】目睹
【发音】mù dǔ
【释义】亲眼看到。

水运仪象台的宿命

水运仪象台被誉为世界上最早的天文钟，它的发明意义重大。水运仪象台面世后风波不断，首先因为"水运"这个称呼被认为与宋朝的"火德"违背，苏颂险些因为命名而被政敌攻击入狱。靖康之祸中，水运仪象台被金国人抢走，因为运输方式粗鲁，水运仪象台部件损坏，导致其不再精准。后又遭受雷击，使浑仪跌落。最终，在蒙古南侵灭金的战争中彻底损毁遗失。

📱 知识拓展

西江月·夜行黄沙道中

辛弃疾【宋】

明月别枝惊鹊，清风半夜鸣蝉。
稻花香里说丰年，听取蛙声一片。
七八个星天外，两三点雨山前。
旧时茅店社林边，路转溪桥忽见。

动量传递

动量传递指的是，流动着的流体与相邻流体层或管壁间有相对运动，流速较高、动量较大的流体，动量会向相邻的低速流体层或壁面的边界层转移。它与热量传递和质量传递并列为三种传递过程。动量传递影响到流动空间中速度分布的状况和流动阻力的大小，并且因此影响热量和质量的传递。动量传递是化工设备研究和设计的基础，其理论基础是流体力学，它的主要研究对象是黏性流体流动。

43

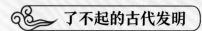

漏水计时器——莲花漏

　　三个小家伙来到宋朝，它们想要了解莲花漏的发明过程。莲花漏是一种漏水计时器，是北宋科学家燕肃在古代漏壶的基础上改进创制的。莲花漏由几个部分组成，上面有几个漏水的水壶，这几个水壶的水面高度是固定不变的，往下漏水的速度也保持均匀。水流速度保持均匀了，那么在一定时间内漏下的水量也不变。这样，就可以通过漏下的水量测算时间了。后来，沈括沿用这一成果，制造了新的玉壶浮漏，并写了一篇《浮漏议》呈献给皇帝，这是现存关于刻漏的最详尽的也是最高水平的文献。

词汇预学

【词目】文献
【发音】wén xiàn
【释义】1. 有历史价值或参考价值的图书资料。
　　　　2. 有重大政治意义的文件。

古人在时钟方面的发明可真多呀！

据说，水钟是古代报时的标准用具。

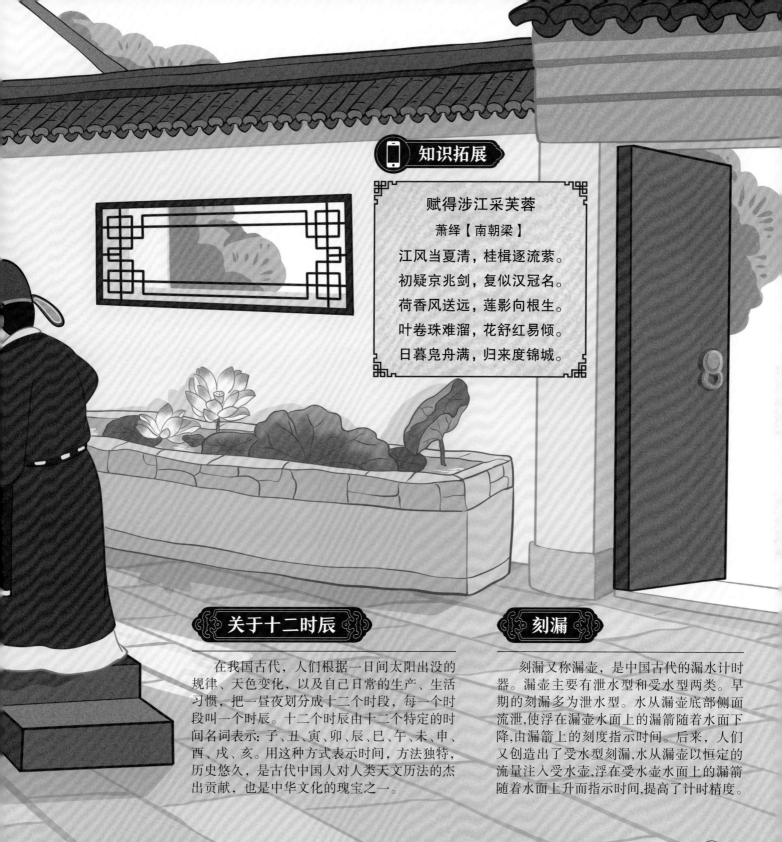

知识拓展

赋得涉江采芙蓉

萧绎【南朝梁】

江风当夏清，桂楫逐流萦。

初疑京兆剑，复似汉冠名。

荷香风送远，莲影向根生。

叶卷珠难溜，花舒红易倾。

日暮凫舟满，归来度锦城。

关于十二时辰

在我国古代，人们根据一日间太阳出没的规律、天色变化，以及自己日常的生产、生活习惯，把一昼夜划分成十二个时段，每一个时段叫一个时辰。十二个时辰由十二个特定的时间名词表示：子、丑、寅、卯、辰、巳、午、未、申、酉、戌、亥。用这种方式表示时间，方法独特，历史悠久，是古代中国人对人类天文历法的杰出贡献，也是中华文化的瑰宝之一。

刻漏

刻漏又称漏壶，是中国古代的漏水计时器。漏壶主要有泄水型和受水型两类。早期的刻漏多为泄水型。水从漏壶底部侧面流泄，使浮在漏壶水面上的漏箭随着水面下降，由漏箭上的刻度指示时间。后来，人们又创造出了受水型刻漏，水从漏壶以恒定的流量注入受水壶，浮在受水壶水面上的漏箭随着水面上升而指示时间，提高了计时精度。

了不起的古代发明

四大发明之活字印刷术

　　印刷术起源于中国，三个小家伙为了了解印刷技术，来到了宋朝。在北宋时期，毕昇发明了更为简单的活字印刷，即用灵活的单字阳文反文字模来印刷，而德国发明家古登堡受我国活字印刷术的影响，发明了铅合金活字版印刷术，这种技术仍为当代印刷的方法之一。

 知识拓展

游园不值

叶绍翁【宋】

应怜屐齿印苍苔，

小扣柴扉久不开。

春色满园关不住，

一枝红杏出墙来。

词汇预学

【词目】昇
【发音】shēng
【释义】1. 同"升"。
　　　　2. 用于人名，毕昇，宋朝人，首创活字版印刷术。
　　　　3. 姓。

雕版印刷 VS 活字印刷

　　雕版印刷是中国古代的重要发明之一，是指在板料上雕刻图文并印刷的技术，它的缺点是制作印版比较麻烦。印版雕刻中如果有错别字，印版可能需要重新雕刻。而活字印刷法较雕版印刷更为简便，只需要做好不同的字块印版，就能印刷出不同的书籍。可惜在古代，活字印刷的应用却不如雕版印刷那样普遍。

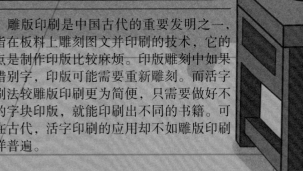

用这些小方块
就能快速印刷。

我国的活字印刷术
比德国的早400多年。

活字印刷解密

　　北宋发明家毕昇在宋仁宗庆历年间制成了胶泥活字。毕昇用胶泥做成一个个规格一致的毛坯，在一端刻上反体单字，字画突起的高度像铜钱边缘的厚度一样，再用火烧硬，成为单个的胶泥活字。为了适应排版的需要，一般常用字都备有几个甚至几十个，以备同一版内有重复文字时使用。没有准备的不常用的冷僻字，可以随制随用。

四大发明之指南针

指南针古代叫司南，宋朝时由阿拉伯人传到欧洲。三个小家伙来到了一艘宋朝的商船上，它们想亲眼看一看指南针的导航效果。指南针是一种用以判别方位的简单仪器，它根据物理上的磁学原理研制^学，海上航行离不开指南针。

词汇预学

【词目】研制
【发音】yán zhì
【释义】研究制造。

扫一扫

扫一扫画面，小动画就可以出现啦！

📱 知识拓展

竹石

郑燮【清】

咬定青山不放松，
立根原在破岩中。
千磨万击还坚劲，
任尔东西南北风。

磁铁、磁极的原理

磁体上磁性最强的部分叫磁极，磁体无论大小都有两个磁极。可以在水平面内自由转动的磁体，它静止时总是一个磁极指向北方，一个磁极指向南方，指向南方的叫作南极，指向北方的叫作北极。磁体周围存在磁场，磁体间的相互作用就是以磁场作为媒介的。磁体与磁体之间，同名磁极相排斥、异名磁极相吸引。所以，指南针与南极相排斥，指北针与北极相排斥，而指南针与指北针则相吸引。

指南针的发明史

司南最早出现在《鬼谷子·谋篇第十》中，也有考古学家认为，司南指的不一定是器械，也可能是指官职。

指南针最早是由我国发明的，它是古代劳动人民的智慧结晶，也开启了航海时代。如果没有指南针，哥伦布不可能发现美洲新大陆，麦哲伦也无法进行环球航行。

这是司南，它在宋朝对外贸易时由阿拉伯人传到欧洲。

这是古代的指南针吗？

击鼓鸣冤的登闻鼓

　　在影视剧中，常出现"击鼓鸣冤^学"的剧情，中国古代真的有这个制度吗？三个小家伙来到宋朝，它们果然看到一名百姓正在敲响大鼓。登闻鼓是中国封建时代在朝堂外的悬鼓，以使有冤屈或急案者击鼓上告，从而成立诉讼的一种方法，是民间百姓向皇帝"告状"的绿色通道。登闻鼓所用的"鼓"是一种打击乐器，可以用手或鼓杵敲击出声。

词汇预学

【词目】鸣冤
【发音】míng yuān
【释义】喊叫冤屈。

得情休便喜　挝楷下无

鼓的声音与什么有关呢？

敲击时的振动让鼓发出声音。

锣鼓的构造

　　锣鼓是汉族民俗文化中必不可少的乐器，它们的音响强烈，节奏鲜明。锣主要发出"锵锵"的声音，它是一种金属类的打击乐器，构造比较简单。锣身呈一个圆形的弧面，四周被锣身的边框固定，演奏者用木槌敲击锣身的正中央，产生振动而发声；鼓也是一种打击乐器，它主要发出"咚咚"的声音。一般在圆桶形鼓身的一面或双面蒙上一块拉紧的膜形成鼓面，用手或鼓杵敲击鼓膜即可发声。

渔家傲·画鼓声中昏又晓

晏殊【宋】

画鼓声中昏又晓。时光只解催人老。
求得浅欢风日好。齐揭调。神仙一曲渔家傲。
绿水悠悠天杳杳。浮生岂得长年少。
莫惜醉来开口笑。须信道。人间万事何时了。

振动频率

　　我们都知道声音是由物体振动产生的，但是你了解振动频率吗？振动频率的国际单位为赫兹，它指的是发声物体在单位时间内振动的次数。发声物体的振动频率表示发声物体振动的快慢，物体振动频率又决定发出声音的高低。发声物体振动得越快，发出声音的音调越高；发声体振动得越慢，发出声音的音调就越低。

古之说牙刷

三个小家伙来到了明朝，它们看到明孝宗正在刷牙。世界上的第一把牙刷由明孝宗发明，他把短硬的猪毛插进一支骨制手把上，外形与现代牙刷接近。古代最原始的刷牙方法是用手指，后来逐渐使用洁牙工具来清洁牙齿。中国最早的洁牙工具是杨柳树枝，古人将嫩杨柳树枝咬开，杨柳树枝的纤维会像小梳子一样散开，能很好地清理牙齿表面的污渍^学。

词汇预学

【词目】污渍
【发音】wū zì
【释义】附着在物体上的油泥等。

在明朝以前，平民经常使用柳树枝刷牙。

杨柳的纤维构造

不是只有杨柳树枝可以散开用于清洁牙齿，大部分树枝的纤维都可以像梳子般散开，这是为什么呢？植物纤维是广泛分布在种子植物中的一种厚壁组织。根据植物纤维在植物体中分布位置的不同，大致可分为木质部外纤维与木质部纤维两大类。其中，木质部纤维又称木纤维，大多有木质化的次生壁，细胞形状通常为两端尖锐，但有各种形状与纹孔上的变化。这类纤维是木材的重要组成分子之一，木纤维韧度纤维也很发达，适合用于刷牙。

洁牙进化史

中国人的刷牙历史至少有 3000 年，春秋战国的《礼记》记载，古人在鸡鸣后，会起床用盐水刷牙。后来，在南北朝进化为"用手指刷牙"，他们会用手指沾洁牙粉清洗牙齿；唐朝人不仅会用杨树枝刷牙，更会口含水果避免口臭；宋朝人发明出了牙刷，牙刷的握柄多由牛角、木头等制作，刷毛则由猪毛、马毛代替；清末时期，猪毛牙刷逐渐退出历史舞台，牙刷的发展进入了现代化。

杨柳枝

刘禹锡【唐】

清江一曲柳千条，
二十年前旧板桥。
曾与美人桥上别，
恨无消息到今朝。

听说，这是现代
牙刷的始祖.

53

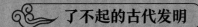

清宫里的冰鉴

　　三个小家伙又来到了清朝，它们看到太监正在呈上冰冰凉凉的水果。它们很好奇，古代人在夏天是如何制冷的呢？古代用来盛冰的容器叫作"冰鉴"，它的箱体两侧设提环，顶上有盖板，设有两个孔，这两个孔为冷气散发口。冰鉴有储存冰块的作用，冰块散发的冷气，既能保存食物，又能使室内凉爽。

知识拓展

夏夜追凉

杨万里【宋】

夜热依然午热同，
开门小立月明中。
竹深树密虫鸣处，
时有微凉不是风。

词汇预学

【词目】冰鉴
【发音】bīng jiàn
【释义】1. 古代盛冰的器具。
　　　　2. 指明镜，比喻鉴别事物的眼力。
　　　　3. 指月亮。

用冰的历史

　　我国用冰的历史非常久远，冰在我国不仅用于夏天去暑，也用于祭祀。早在周代就有"祭祀供冰鉴"的文字记载。冰块并不是一年四季都有，因此，冬季储存冰就显得格外重要。周代时就已建设有专门的冰库，并配备有管理冰库的官员，"凌人"就是指负责藏冰，管理冰库事宜的官员。现代还存在的冰窖景点大多建于明清二朝，多为官办冰窖。

冰箱为什么可以制冷

　　冰箱为什么可以制冷呢？世界上91%~95%的电冰箱都是通过蒸发汽化的吸热原理来制冷的。这些冰箱拥有低沸点的气态制冷剂，制冷剂在蒸发器中汽化时吸热，在冷凝器中凝结时放热，热量通过冰箱的后壳散发出去，便有了制冷效果。制冷剂相当于热的"搬运工"，把冰箱里的热"搬运"到冰箱的外面。

这是古代的冰箱吗？好奇特的外表！

冰鉴散发的冷气凉凉的，好舒爽。

图书在版编目（CIP）数据

了不起的古代发明 / 李宏蕾，韩雨江主编． -- 长春：
吉林科学技术出版社，2023.5
（小科普大文化 / 李宏蕾主编）
ISBN 978-7-5744-0038-2

Ⅰ．①了… Ⅱ．①李… ②韩… Ⅲ．①创造发明-技
术史-中国-儿童读物 Ⅳ．① N092-49

中国版本图书馆 CIP 数据核字 (2022) 第 235037 号

小科普大文化　了不起的古代发明

XIAOKEPU DA WENHUA　LIAOBUQI DE GUDAI FAMING

主　　编　李宏蕾　韩雨江
绘　　者　长春新曦雨文化产业有限公司
出 版 人　宛　霞
策划编辑　王聪会　张　超
责任编辑　穆思蒙
封面设计　长春新曦雨文化产业有限公司
制　　版　长春新曦雨文化产业有限公司
主 策 划　孙　铭　付慧娟　徐　波
美术设计　李红伟　李　阳　许诗研　张　婷　王晓彤　杨　阳　于岫可　付传博
数字美术　曲思佰　刘　伟　赵立群　王永斌　霞子豪　杨寅勃　马　瑞　杨红双　王　彪
文案编写　张蒙琦　冯奕轩

幅面尺寸　226 mm×240 mm
开　　本　12
字　　数　65 千字
印　　张　5
印　　数　1-6000 册
版　　次　2023 年 5 月第 1 版
印　　次　2023 年 5 月第 1 次印刷
出　　版　吉林科学技术出版社
发　　行　吉林科学技术出版社
地　　址　长春市福祉大路 5788 号出版大厦 A 座
邮　　编　130118
发行部电话 / 传真　0431-81629529　81629530　81629531
　　　　　　　　　　81629532　81629533　81629534
储运部电话　0431-86059116
编辑部电话　0431-81629517
网　　址　www.jlstp.net
印　　刷　吉林省吉广国际广告股份有限公司
书　　号　ISBN 978-7-5744-0038-2
定　　价　49.90 元